給孩子的
漢字故事繪本

編著 — 鄭庭胤　　繪圖 — 陳亭亭

中華教育

給孩子的話

　　小朋友，偷偷告訴你一個祕密，遠在上古時期，我們的老祖先便靠着一代傳一代，將一個大祕寶流傳至今。如此珍貴的寶藏，究竟是來自龍宮的金銀珍珠，還是玉皇大帝的仙丹妙藥呢？答案可能要叫你大吃一驚了，那就是我們生活中無所不在的「漢字」。

　　你可能會很不服氣，說：「這才不是寶藏呢！」但是先別急，試着想像一下，要是沒有文字，這世上會發生甚麼事呢？

　　在古時候，史官靠着手上一枝筆紀錄國家發生的大小事，要是文字消失，歷史也就跟着隱沒在時光中；世上如果沒有文字，我們就沒有課本能夠使用，得在老師講課時，一口氣記下所有知識，可真叫人頭昏眼花！幸好，漢字解決了這些麻煩，就算不必發明時光機器或記憶藥水，我們也能知曉天下事、學習前人的智慧，這麼看來啊，就算說漢字比金銀財寶更加珍貴，也不為過呢！

　　說到這裏，你是不是開始對漢字刮目相看了呢？在這本書裏，邀請到好多漢字朋友來聊聊他們的過去與近況，趕快翻開下一頁，漢字們要開始說故事囉！

目　　錄

shēng

生

↓ → 坐 → 坐 → 生

「生」的本義是草木發芽。在甲骨文中，「生」字畫的是草葉「↓」抽出新芽，從泥土「一」中冒出頭來的模樣，用來表現「生長」的含意。

種子埋藏在土壤裏面時，我們無法直接看見，所以當植物冒出土壤，看起來就像從無到有一般神奇，因此「生」又有出現的意思。

小教室：

　　生日又稱為「母難日」，因為母親懷胎十月，歷經千辛萬苦才生下我們。

　　慶祝生日時記得保持感恩的心，長大了一歲，也要變得更成熟、更懂事才行喔！

sǐ

死

死 → 死 → 死 → 死

生物死亡以後，軀體會被微生物分解成各種分子，但精神究竟會到哪裏去呢？人類思考了數千年，始終沒能得出一個讓大家都滿意的答案。

「死」字的右邊畫着一具骸骨「死」，左邊則是一個低頭跪地的人「死」，兩者合起來，就像正在祭拜死去的人。

小教室：

　　限定商品因為數量稀少，常常令人趨之若鶩，紛紛搶購。仔細想想，我們的生命是不是也像某種「限定品」呢？

　　正因為生命總有一天會走到盡頭，人們才更懂得珍惜活着的每分每秒。

yào

要

尹 → 𡚉 → 要

　　「要」是「腰」的本字，最初是指人體軀幹最細的部分，也就是腰部。

　　「要」字的中間畫的是個人形「🜨」，由上而下分別是頭部、軀幹、雙腿，兩側的雙手「臼」則朝向身體，用插腰的姿勢表現出腰部的含意。後來「要」字被借去代表其他的意思，只好在左邊加上一個與人體有關的「肉」字旁，另外創造出「腰」字來表示本義。

小教室：

　　「腰纏萬貫」是比喻相當富有。古時候的銅錢為了方便攜帶，中間有個用來穿繩子的孔洞，而一千枚銅錢串在一起，就稱為「一貫」。一萬貫的銅錢，大概數也數不清吧！也難怪會用來代表巨額的財富了！

9

hǎo
好

$$\text{𢀰} \rightarrow \text{𡥆} \rightarrow \text{𡥆} \rightarrow \text{好}$$

　　「好」字有着美好、良善的意思，這個字的構造很有意思，是由「女」與「子」組成的。為甚麼把婦女和小孩兩字放在一起，就能用來表示美好呢？這是因為，與家人共同度過的時光是非常美好的，而「好」字就像是母親抱着小孩，母子相親相愛的樣子。

　　也有人認為，「女」和「子」應該要解釋成「女子」，看着長相標緻的女性，同樣也會讓人感到賞心悅目，產生美好的感受。

小教室：

　　「好高騖遠」是指不切實際，追求過於遙遠的目標。

　　不管從事甚麼活動，打好基礎都是相當重要的，就像小孩子在學習奔跑之前，也得先學會爬行、走路，才能循序漸進達成目標。

11

yǔ
羽

羿 → 羽

　　鳥類身上長着羽毛，它有着輕盈而且防水的特點，能夠構成鳥類飛行用的翅膀。

　　在篆文裏，「羽」字畫的就是兩根鳥羽「羿」，長長的一撇代表空心的羽軸「ㄋ」，上頭的「彡」則是構成羽片的細小羽枝。

小教室：

　　遠在兩億多年前，恐龍曾是地球的霸主，但你知道嗎？人們在研究這群古代生物時，發現某些恐龍化石上帶有羽毛的痕跡，因此有不少科學家相信，鳥類和恐龍或許有着親戚關係呢！

quán

泉

🔲 → 🔲 → 🔲 → 泉

　　岩石與砂土間有着空隙，水分能夠穿過這些隙縫，滲到地底形成地下水；而天然湧出來的地下水，就稱為「泉」。

　　「泉」是個象形字，外圍畫着洞穴的形狀「🔲」，中央的「🔲」則是水流。合起來一看，是不是很像地下水找到了出口，涓涓流出的模樣呢？

小教室：

　　在還沒有自來水的古代，人們會選擇有水源的地方居住，因為不管是刷牙洗臉，或者洗衣煮飯，生活的大小事都與水息息相關。

　　水是如此重要的資源，所以在使用時，我們得好好珍惜。

玉

丰 → 王 → 王 → 玉

　　玉是一種堅硬的礦物，摸起來細膩又溫潤，有着半透明的美麗外觀。因為這樣的特點，玉石常被用來象徵品德高尚的君子，在古代是種相當受到喜愛的寶石。

　　在甲骨文裏，「玉」字畫的是一串玉石，用絲線「｜」穿過幾片薄薄的玉片「三」，上頭再打個繩結「↓」繫緊。

　　後來文字漸漸簡化，「玉」字被寫成「王」的模樣，後人為了不把它跟「王」字搞混，便多加了一點做為區別，這才形成我們現在看到的「玉」字。

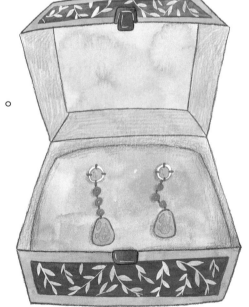

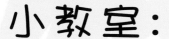

小教室：

「拋磚引玉」是比喻以身作則，吸引其他人的響應。

小朋友，你有沒有參與過公益活動呢？就算只是做了微小的善事，或許也能達到拋磚引玉的效果，讓更多人跟着發揮愛心喔！

nèi

內

內 → 內 → 內 → 內

「內」的本義是從外面進入某一個空間。要是進到了房子裏，就有了屋內、屋外的分別，所以「內」字也有「裏面」的意思，例如內部。

「內」字外面畫着房子「∩」，為了要展現進入屋內的意思，又加了一個「人」來指出前進的方向，這個尖銳的形狀，看起來是不是很像箭頭符號呢？

小教室：

　　柑橘類的水果有着漂亮外皮，通常要等到剝開後，才會發現裏頭已經發霉，有如破爛的灰色棉絮。

　　「金玉其外，敗絮其內」便是指事物的外表華美，內在卻腐敗不堪。

19

bè

貝

𝄢 → 𝄢 → 貝 → 貝

　　為了保護自己，海中某些軟體動物身上會有一層外骨骼，這層堅硬的外殼就是「貝殼」。

　　如果曾經吃過牡蠣、蛤蜊之類的海產，「貝」字的甲骨文對你來說一定不陌生，「𝄢」畫的就是兩片貝殼張開的模樣，內部的條紋則像貝殼上的紋路。

小教室：

　　寄居蟹的腹部很柔軟，為了保護自己的弱點，牠會在海灘上尋找適合的貝殼入住，背着這棟「小套房」四處跑。

　　到海邊郊遊時，記得把美景留在記憶中就好，要是把貝殼當作紀念品帶走，寄居蟹們可就無家可歸了！

yáng

羊

↓ → ↯ → 羊 → 羊

羊的性情溫馴，是一種草食哺乳動物。在中華文化中，羊是祭拜鬼神時重要的祭品，因此也有着吉祥的含意。

「羊」是個象形字，上方的巨大彎角是羊的特徵「ᴧᴧ」，下方畫的是羊的身體「丰」，有着軀幹、四肢，還有屁股上的尾巴。

小教室：

　　犯錯並不可恥，但是要懂得「亡羊補牢」，及時補救並改進。

　　勇於面對錯誤才是最好的做法，如果只是一味逃避，問題很可能會越變越大呢！

quǎn

犬

尤 → 尤 → 尤 → 犬

　　狗是人類最早馴養的動物，牠們靠着靈敏的嗅覺與聽覺協助古人狩獵，也擅長看守家園。在現代社會中，狗除了是許多家庭的一分子，也擔任了搜救、導盲、偵查等任務。從古至今，狗都與我們的生活息息相關，因此常被譽為「人類最忠實的朋友」。

　　在甲骨文中，「犬」字畫的是一隻狗的側面，頭部長着尖耳朵，中間是軀幹和腿，最下面則是狗的長尾巴。

小教室：

　　狗有着忠心耿耿的個性，與人類相當親近，但是「犬」與「狗」字卻通常代表負面的含意，例如「狼心狗肺」是比喻一個人心腸狠毒。

　　在使用詞語時，我們可要先好好弄清楚它的含意喔！

mǎ

馬

🐴 → 🐴 → 🐴 → 馬

　　在古代，馬是人們最主要的運輸動力，能夠拖拉馬車運貨，也能使用在騎兵的作戰上。馬的四肢修長，體態強健，擁有迅速奔馳的能力。

　　「馬」字是根據馬的模樣所造，最上方是馬又長又窄的頭部，中間是長腿，身上的鬃毛與馬尾也詳細畫了出來。

小教室：

在中文裏，有許多和馬有關的字詞。小馬叫做「駒」，紅色的馬被稱為「驊」，「駑」則是代表劣等的馬。

這些字詞在現代已經很少使用了，但我們可以由此看出，馬在古人的生活中有着重要的地位。

魚

魚類生活在水中，使用鰓呼吸，不論在廣大的海洋或者淡水湖泊，都能夠發現牠們的蹤影。

在甲骨文中，「魚」字畫的是一條魚的模樣，身上有着魚鱗的紋路，兩側是腹鰭和背鰭，最下方則長着鐮刀狀魚尾。後來人們為了書寫方便，把「魚」字的筆畫拉直、省略，形成了現在的模樣。

小教室：

　　鱷魚、海豚都是生活在水中的動物，但你知道嗎？牠們其實並不是魚類呢！

　　鱷魚和海豚都使用肺部呼吸，而小海豚和人類一樣，靠着母親的乳汁哺育長大，是哺乳動物的一分子。

ji

集

　「集」的意思是聚集。古人觀察到鳥群經常群聚於枝枒間，所以在樹木「木」上畫了三隻鳥「鳥」，用來表示聚集。

　鳥群會棲息在同一棵樹上，可能是因為枝頭食物充足；另一方面，群聚的鳥兒也可以發揮「守望相助」的效果，保護彼此。

小教室：

　　小朋友，你有聽說過「集郵」嗎？因為網絡的發展，現代人已經很少寫信了，但郵票依然有很高的收藏價值。除了欣賞美麗的圖案，透過收集各國的郵票，人們也能更加了解不同的文化。

jīn

巾

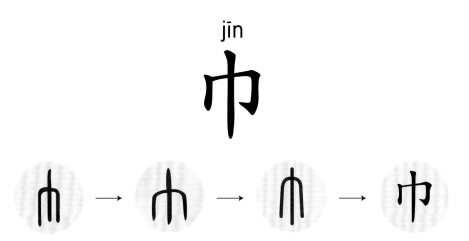

　　古代的女性外出時，會往腰帶繫上一條佩巾，既可以當作裝飾品，也能用來擦拭髒污、保持身上清潔。

　　從「巾」的字形中，我們可以看見一塊下垂的布「∩」，中央綁着固定用的絲繩「｜」。

小教室：

　　「巾幗」是古代婦女的裝飾頭巾，上面綴着珍珠寶玉，光彩奪目。

　　人們以「巾幗英雄」來形容很有作為的女性，其中最廣為人知的，便是代父從軍的花木蘭。除此之外，你還認識哪些女性英雄呢？

cè

冊

串 → 串 → 冊 → 冊

　　在紙張普及以前，人們閱讀的書籍是由竹子製作的。為了使竹片容易書寫，必須先烘烤脫水，接着再把竹簡穿線、固定，連接成長卷的模樣。

　　「冊」字直豎的筆畫代表竹片，中間的兩道編繩「〇」將竹片緊緊捆住，使書冊不至於鬆開。

小教室：

　　從前，製作一本書需要耗費龐大的人力與時間，這使書本變得昂貴，只有少數人能夠擁有。直到蔡倫改良了造紙術，書籍才漸漸普及起來，各種知識也跟着傳播。我們甚至可以說，造紙術推動了人類的文明。

yòng

用

用 → 用 → 用 → 用

　　「用」字的本義是桶子。古代的桶子是由木、竹等材料製造，為了讓木片緊密貼合，會先把木片刨成適當的形狀再鑲嵌，最後用箍圈捆緊桶子。

　　「桶」字在甲骨文中畫的是盛裝物體的桶身「用」，右邊還有着握把「コ」。後來「用」字被借去代表「使用」的意思，原始的含義反而很少使用了。

小教室：

　　有句話叫做用人唯才，意思是需要人才時，應該把對方的出身、外表、性別放在其次，選擇真正有能力的人。

　　當班上選舉幹部時，你會投給自己的好朋友，還是投給你認為最適合這個職務的人呢？

wén

文

在文字發明以前，人們以畫畫的方式傳達訊息，久而久之，這些圖案被整理成統一的書寫符號，形成最早的文字。

在甲骨文裏，「文」字畫的是線條「彡」與線條「⺀」交錯所形成的圖案；演變到金文時，則把線段簡化為四條「𠂇」，漸漸形成了我們現在所見的「文」字。

小教室：

　　中文字像是一幅小圖畫，每個字都有獨一無二的外型，能用「看圖說故事」的方式猜出字的含意。

　　而英文字就跟中文字很不一樣了，它由二十六個字母組合而成，標示出單字的讀音。

chūn

春

𦬊 → 𡶴 → 㫺 → 春

　　當寒冬遠離，春天的腳步也悄悄靠近了。溫暖和煦的氣候會喚醒冬眠的動物們，許多植物也開始發芽、開花，大自然變得生氣蓬勃，「鳥語花香」正是春天的代名詞。

　　「春」字的左邊畫着太陽「☉」與小草「↓」，右邊則是種子剛剛發芽的模樣「↓」，所有圖形合起來，表現出春天陽光普照、萬物生長的含意。

小教室：

　　為了招來福氣，家家戶戶會在春節期間佈置春聯，當喜氣洋洋的紅紙貼在門上，看起來就很有節慶的氣氛了。

　　有時候，人們會故意把寫有「福」字的春聯倒過來貼，用諧音來表示福氣到（倒）了，期許在往後的一整年裏平安順利。

xià

夏

丮 → 夒 → 㚏 → 夏

　　在一年之中，夏天是陽光最為熾烈的季節。白天蟬在樹上鳴叫着「知了、知了」，當夜幕降臨，螢火蟲便會打着一閃一閃的「小燈籠」求偶，牠們都是只在夏季活動的昆蟲。

　　在甲骨文裏，「夏」字在人形「丮」的頭頂畫了太陽「☉」，表現出夏天的烈日當空。

小教室：

　　夏天的氣溫飆升，出門在外可要記得補充水分、做好防曬，否則要是一個不小心，很可能就會曬傷或中暑了！

qiū

秋

𧊜 → 𥝌 → 𥝌 → 秋

　　秋天是豐收的季節，柿子紅了，稻子結出飽滿的稻穀。秋天氣溫漸漸轉冷，大部分的生物都準備過冬了，但蟋蟀卻選在這個季節開始鳴叫，牠們會摩擦翅膀，發出「啾啾」的聲音。

　　在甲骨文裏，「秋」字便是依據蟋蟀的模樣所造，因為只要聽見蟋蟀的歌聲，我們就曉得秋天已經到來。

小教室：

　　要讀懂大自然的訊息，就必須用心觀察。例如看到樹上的葉子開始轉黃，飄落下來，就代表秋天的腳步已經悄悄到來了，這便是成語「一葉知秋」的由來。

　　「一葉知秋」也比喻透過細微的現象，可以推算出大局。

dōng

冬

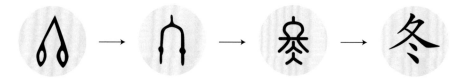

　　「冬」是「終」的本字，畫的是一條繩子「∧」兩端各打了一個結「◑」，用來強調末端、結尾的意思。

　　一年的結尾恰好是四季中最寒冷的時節，因此「冬」字也有冬天的意思，演變到後來，還在「冬」字下方加了代表冰的符號「仌」，表示冷到連水都結冰了。

小教室：

古代的保暖設備不夠發達，在嚴寒的氣候中，冬天顯得格外漫長。

為了轉移注意力，人們發明了一種叫做「九九消寒圖」的塗色遊戲，每天都替圖上的梅花枝塗上一片花瓣，等到梅花全部盛開，漫長的冬天也就過去了。

給孩子的
漢字故事繪本

編著 ── 鄭庭胤　　　繪圖 ── 陳亭亭

出版 / 中華教育

香港北角英皇道 499 號北角工業大廈 1 樓 B

電話：(852) 2137 2338　傳真：(852) 2713 8202

電子郵件：info@chunghwabook.com.hk

網址：http://www.chunghwabook.com.hk

發行 / 香港聯合書刊物流有限公司

香港新界大埔汀麗路 36 號 中華商務印刷大廈 3 字樓

電話：(852) 2150 2100　傳真：(852) 2407 3062

電子郵件：info@suplogistics.com.hk

印刷 / 海竹印刷廠

高雄市三民區遼寧二街 283 號

版次 / 2018 年 12 月初版

規格 / 16 開（260mm x 190mm）

ISBN / 978-988-8571-51-2

責任編輯：練嘉茹

封面設計：小草　馬楚燕